动物园里的朋友们

（第一辑）

我是北极熊

［俄］亚·阿尔汉格尔斯基 / 文

［俄］米·索洛维约夫 / 图

于贺 / 译

江西美术出版社

全国百佳出版单位

我是谁？

　　大家好！我的名字叫北极熊，学名"海熊"（源自拉丁语）。请不要把我和棕熊搞混哦！和我相比，他们真是太普通了。我，是地球上个头最高、体长最长的熊。我的肩部最高可达到170厘米。从我黑黑的鼻尖到我漂亮的短尾巴足足有2.5米呢。你知道我有多重吗？700千克，大约是7~10个成年人的体重之和！没骗你，这可是真的！其他的熊类和我比起来真不算什么了！哦，对了，我可是地球上最大的陆地猛兽！

成年北极熊的体重大约是你的 **25** 倍。

北极熊爸爸的体重大约是北极熊妈妈的 **2** 倍。

现在让我们聊聊正经事吧！我们是多么稀有呀——北极熊家族的"熊"口大约有2万~2.5万。我们生活在非常寒冷的地方，这里冬天有-50℃。我们常住的度假村叫作北极，那里可真是太棒了，就像住在冰箱里一样。顺便说一句，请不要把北极与南极搞混哦——我可没有去过南极，也从没见过企鹅朋友。我喜欢北极，在这里我可以躺在冰面上，还可以在冰洞边等着猎物的到来。夏天，我可以到裸露的地面上寻找云莓浆果，然后再回到冰天雪地中。这里可没有人会打扰到我！

夏季北极的气温与我们深秋时气温差不多。

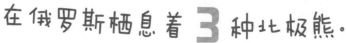
在俄罗斯栖息着 **3** 种地极熊。

熊家族有棕熊、美洲黑熊、亚洲黑熊、北极熊等。

5

 我的画像

10 厘米的脂肪层，差不多和你的手掌长度一样。

快来看看我长什么样子吧！我的毛皮大衣是不是特别漂亮呢？最重要的是它很保暖、很厚实。我的毛发也很光滑，还可以防水呢，长毛下面的那层优质的细绒毛能保护我不被冻僵。我的皮下还有一层几厘米厚的脂肪。我游泳的时候丝毫感觉不到海水的冰冷。现在，我要告诉你一个小秘密：我其实不是白色的，我的皮肤是黑色的。因为皮肤上的细绒毛是没有颜色的，而毛发通常又是透明的。在绒毛和毛发之间有一层气囊，它可以反射太阳光，所以我看起来是白色的。必要的时候，我还可以在一定时间内变成绿色！其实，这是因为海藻在我的皮毛里安了家。

米，大约有半根铅笔那么长。

坚硬的爪子

　　下面让我们来聊聊我的"纤纤玉手"吧。要知道我们的棕熊朋友可是赤手赤脚地走路呢，而我的手指间和指头的根部都长有绒毛，在爪子的前部也有一条绒毛带，因此我在冰面上走路不会滑倒，也不会冻僵。我的手指之间还长着蹼，这样游起泳来会更方便。我身上的每一处细节都是这么完美！我还特别喜欢自己坚硬有力的指甲，用它我可以轻轻松松地捉住海豹。对！就是海豹！还有一整头海象。我要是力气大起来，连自己都害怕。还有，我的骨架宽、爪子硬、牙齿比金属还坚固呢！

北极熊前脚掌的脚印比后脚掌的脚印宽。

北极熊后脚的脚印看起来很像穿着棉靴的人类的脚印。

北极熊的指甲长度可达 **7** 厘米。

我们的感官

只要远远地看到海豹，北极熊就会从水中纵身一跃，

跳起的高度可达 **2.5** 米，大约和自己的体长一样。

我的嗅觉极其灵敏，没有谁能赶得上我。想象一下，如果有一天我躺在冰上有些饿了，可是一直没有猎物游向我旁边的冰窟窿。突然飘来一阵熟悉的气味……就是他！海豹！但这味道是从非常非常远的地方飘来的……我立刻起身去寻找那气味的源头。1千米，5千米，10千米……终于找到了我的目标，可口的食物！除了我以外没有谁能闻到这么远的气味。

对，我的听力也非常敏锐，甚至可以隔着1米左右厚的冰层听到我们北极的鲸鱼——白鲸在水下游泳的声音。

北极熊每捕猎 **100** 次，平均只有 **2** 次可以成功获取猎物。

我们是运动健将

其实，我们也有个小毛病，那就是即使外面天寒地冻，我也会感觉很热。这就是为什么我能不跑就不跑，走起路来慢吞吞的原因。大家都说，只要一看到我在走路，就会立刻爱上我优雅的步态。必要时我也会跑得很快，而且加起速来也相当给力！我要是在水中游起来，就算是最快、最强壮的人类游泳选手都赶不上我。潜水的时候，我会睁着眼睛，还能在水下屏气几分钟。竭尽全力游泳时，我可以轻松一跃就冲上浮冰，去捕获那些懒洋洋的海豹，或者只是躺在浮冰上休息一会儿。

因纽特人说，北极熊的力量相当于12个成年人的力量总和，智力相当于11个人的智力相加。

12

北极熊在觅食时，一天可以跋涉 **60** 千米。它们潜水的深度可达 **10** 米。

北极熊奔跑的速度是游泳速度的 **6** 倍。

北极熊每吃 **30** 分钟的食物，就要花 **15** 分钟的时间来洗手洗脸以保持洁净。

吃饱喝足了的北极熊是不会攻击人类的。

好吧，再告诉你一个小秘密。你是不是觉得我很温顺爱笑，从来不会发火？这都是假象，只不过是因为我的表情有些僵硬。当我攻击其他动物（我承认我有时也会攻击人类）时，我会面无表情，令人生畏。如果没有捕获目标，我马上就会火冒三丈，把浮冰砸得到处都是，还会大声怒吼。不过，我马上就会消气啦，这在寒冷的北极地区并不奇怪。消气之后我就又开始玩玩闹闹，或者也会擦擦身子。顺便说一下，我用前爪抓起一大把雪就可以把它当作毛巾用，这样就能擦干净我的毛皮大衣了！

有时候北极熊还会很乐意与极地考察人员的狗狗们一起玩耍。

我们的食物

北极寒冷而又美丽，但有时觅食会成问题，我们只能抓到什么吃什么。不仅会吃美味的海豹、新鲜的海象，还会吃冰冻的鲸鱼。我可是非常有耐心的，可以几个小时一动不动地等着猎物上钩。我用爪子捂住黑黑的鼻子，这样就可以降低呼吸发出的声音，方便我捉住躲在冰窟窿里的猎物，这太棒了！当我不想在冰窟窿旁守株待兔时，我就会在浮冰上踮起脚，蹑手蹑脚地从猎物背后靠近他们。嚯，小可爱，终于抓住你了！然而，有时我也会一两个星期都不吃不喝，我结构复杂的机体可以自动减缓所有的新陈代谢！下面我会继续聊聊狩猎的事儿。

北极熊一次可以吃掉 **70** 千克的肉。

北极熊一年可以吃**50**只海豹。北极熊不喝水，它们从猎物中采取水分。

如果按照北极熊的食量和体重的比例来喂你东西吃，那你一顿得吃下**3~5**千克的肉类。

我们睡觉的地方

北极熊的洞穴里一般有 **3** 个房间。

北极熊妈妈在怀宝宝时体重大约会瘦到孕前体重的 **1/3**。

棕熊别拿海象喂，让它乖乖入窝睡。冬眠时我不会睡太久，而且也不是每年都会冬眠。等待宝宝出生时我会在雪地里挖洞穴，离宝宝出生还有很久，所以我还可以睡上两三个月。宝宝出生后，我会在洞穴里待3个月，而且会把自己的全部精力都投入到宝宝身上：3个月不睡觉、不吃饭、不上厕所。这段时间过后，我才会把宝宝从洞穴里放出去，之后再用一年半甚至两年的时间训练他们适应野外的生活。只需要给宝宝喂饱喝足，他就能快快长大。

北极熊在弗兰格尔岛上挖了 **150** 多个洞穴。

我们的熊宝宝

我们北极熊宝宝的个头比人类的婴儿还小，它们体长大约30厘米，体重只有大约0.5千克。每头北极熊宝宝都长着毛茸茸的雪白毛发，看起来和成年的北极熊一模一样。的确，我们的熊爸爸不会照料熊宝宝，因为我们没有这样的传统。可熊妈妈对待自己的宝宝却非常温柔体贴。与棕熊不同，我们通常一胎怀两头熊宝宝，三胞胎就很罕见了，四胞胎则真的非常非常稀少……熊妈妈们一般在4岁之后、刚刚成年的年纪会怀上第一胎。这是因为我们是一种特别的熊类，我们的孩子也是独一无二的。

北极熊妈妈的奶有一股鱼腥味。

刚出生的北极熊幼崽重约 **450** 克，和成年豚鼠的重量差不多。

北极熊妈妈一生中生育熊宝宝的数量一般不会超过 **15** 头。

熊宝宝们喜欢和其他成年北极熊一起玩耍。

气候变暖会威胁到北极熊的生存。

每年的 **2** 月 **27** 日为"国际北极熊日。"

我们雄赳赳、气昂昂，是名副其实的冰雪之王，因此在自然界中根本就没有我们的天敌。我害怕的只有北方的虎鲸，他们可都重达几吨，体长可达 10 米。有时候我们也会冒着生命危险与凶猛的海象进行搏斗：在陆地上海象可能比我们稍逊一筹，但在水中，那胜负就不一定了。我们也会害怕一些不怀好意的人类，他们的名字是偷猎者，他们会用可怕的大型枪支射击我们。更糟糕的是，他们还会倾倒有毒的石油弄脏我们赖以生活的海洋。

冰雪融化，北极熊就要走更远的路去觅食。

你知道吗?

北极熊栖息在美国的阿拉斯加、俄罗斯、
格陵兰岛、挪威的斯瓦尔巴群岛、
加拿大等地。

通常,狮子会被认为是野兽之王。但准确地说,这个称号应该属于北极熊,它们才是无边无际的冰原和北极群岛的主人。北极熊不仅在熊类家族中体格最庞大、最有力量,它也是地球上最大的陆生猛兽。

北极熊被认为是 **500** 万年前

由棕熊进化而来的。

北极人民对这种白色的极地猛兽怀有敬畏之心。人们认为只有最强壮、最灵敏、最勇敢的人才能捕获到如此大型的猛兽。载着猎物归来后,当地的

猎人会将打猎用的武器挂在熊皮旁边,就像把它作为礼物献给北方的兽王。他们相信野兽的力量可以让他们更强大,能帮助他们获得更多的食物。毕竟,北极熊也是老练的狩猎者。

在许多国家,都制定了
严禁捕杀北极熊的法律。

如果在狩猎时难以战胜北极熊,那么几乎不可能活捉它们。但在远古时期,仍有勇士向这些猛兽发出挑战。

北极熊的指甲长约 **5~7** 厘米（相当于半根铅笔）。

有一次，一位挪威的维京人捕获了头怀着熊宝宝的北极熊妈妈，并将它作为礼物献给了他的国王哈罗德。国王喜出望外，把一整艘装满了金币、武器和各种宝物的船送给了这位勇敢的战士。

加拿大的硬币上刻有北极熊在浮冰上的形象，币值为 **2** 加元。

另一位统治者——英国国王亨利三世曾经也收到过一头北极熊礼物。国王把北极熊安置在自己的城堡里，用美味的食物喂养它。这份"礼物"的胃口非常大：只要人们一拿来食物，它就会一口吞掉，然后咆哮道："我还没吃饱！我还要吃！"国王记得北极熊不仅是"猎人"，还是水平高超的"垂钓者"，于是允许将北极熊偶尔领到最近的河边，让它自己捕鱼吃。同时，国王下令用一条坚固的铁链拴住它：毕竟北极熊是一种危险的猛兽，要是它逃跑了，那就麻烦大了！

只有长着 **70** 厘米长獠牙的海象才有机会打败北极熊！

北极熊居住的北极地区非常寒冷，即使夏天也有积雪，冬天严酷的霜冻比冰箱里还要冷两倍。北极熊不仅能在暴风雪中散步，还能潜入冰冷的大海！这是因为它可以维持自己身体的温度：它不仅穿着毛皮大衣，而且还有一层极厚的脂肪——重达体重的1/3。这就是为什么这种野兽需要吃那么多的食物。要是吃不饱，就无法囤积脂肪，那可是会被冻僵的！

为了维持自己的健康，每隔 **5~6** 天
北极熊至少要吃掉一头海豹。

北极熊的身体构造可以避免它体内的热量散发到体外，由于这个原因，热辐射检测仪也无法察觉到它们的存在。科学家用热辐射检测仪装置观察北极熊时，只能看到它们的鼻子和眼睛。北极熊的鼻子真的是一个奇迹——隔着厚厚的冰层都能闻到猎物的气味！冰面上的北极熊蹑手蹑脚，突然，它用前爪穿透厚厚的冰层，一头倒霉的海豹就这样被捉住了。北极熊自己吃饱喝足后，就会去给宝宝们喂食。

年幼的北极熊喜欢吃
海豹的肉，
成年的北极熊喜欢吃
海豹的脂肪和兽皮。

北极熊的幼崽在离开洞穴后的几个月就开始吃肉了。顺便提一句，北极熊还是优秀的建筑师呢！秋天，熊妈妈会给自己和即将出生的宝宝盖一栋房子——在积雪里挖一个洞。

1岁大的北极熊宝宝差不多和成年人类一样重，它们已经会捕捉海豹了。

北极熊用肩膀和爪子来夯实积雪，以此来加固"墙壁"和"天花板"，避免它们破裂。在一个洞穴中，通常会有几个房间和将房间联通起来的隧道。洞穴的顶部厚度约为两米，上面还有一个几乎察觉不到的小通风孔。

北极熊妈妈的奶闻起来有股鱼腥味，并且富含油脂。

在第一次带小北极熊出去散步前，熊妈妈会挖一个洞口，还一定会留一个门槛，避免熊宝宝们感冒。白天熊宝宝们在洞穴周围散步、玩耍，在雪地上挖洞，爬上高高的雪堆再滑下来——就像冬天滑雪橇一样。熊妈妈离开一会儿，去找寻食物时，熊宝宝们不会乱跑，而是在原地等着妈妈。熊妈妈逐渐开始教小熊寻找食物。接近两岁时北极熊宝宝就能独立了，4~5岁时它们就成年了。

6个月大的熊宝宝一顿就可以吃2.5千克的肉，成年北极熊的食量是它们的30倍。

你是不是认为北极熊有那么多脂肪，它就是个大懒虫了呢？绝对不是！无论是在速度还是耐力方面，北极熊都是极地地区真正的冠军。在陆地上，北极熊可以超过骑得最快的自行车手；在大海里，这些看起来笨手笨脚的野兽游起泳来比我们在平路上行走的速度还快。它们最多可以游将近700千米——差不多是莫斯科到圣彼得堡的距离——虽然这种游泳纪录并不多见。在野外惊扰到冰雪王国的主人可是很危险的：它们一旦发起进攻，你几乎逃不掉！

北极熊 | 年可以跋涉 15000 千米。

北极熊来到人类的居住点并不是为了袭击人类。说白了，它们只是非常好奇，想要看看极地考察人员住的地方有什么新鲜东西。它们打量着、打量着，渐渐忘记了自己的身份。如果人们不把垃圾和剩余的食物清理干净，那北极熊很可能就不想离开了，甚至还会把这里当作自己的领地，到时候再驱赶它们可就不容易了！

饥饿的北极熊什么都吃，包括雪橇上的座椅、机油，还有靴子。

位于北极的斯瓦尔巴群岛是名副其实的北极熊聚集地，在那里生活的北极熊的数量比当地人类的数量还多。通常它们和当地人和谐相处，但有时北极熊也会闯入村子里。没有人想要惹怒它们，所以村民们只会敲打着锅碗瓢盆，竭力喊叫，想吓跑它们。一旦听到噪声和喧吵声，北极熊就会匆忙从村子里逃走，它们可不喜欢这些声音。

北极熊并不惧怕枪声，

因为它们觉得

这是冰块在咔嚓咔嚓地融化。

在加拿大北部，人类和北极熊也是邻居。在当地的一个城市里，人们甚至建造了一个专门的北极熊监狱。如果北极熊在市郊出没，惊扰到了城市的居民，猎人们会抓住它们然后送进监狱里去。一旦有机会，就将它们送离城市，到那些食物丰富且人烟稀少的地方去。

北极熊有时会随着浮冰漂流，最远时，会漂离

原来的岸边大约 150 千米。

与它们的棕熊兄弟不同，北极熊实际上很难被驯化。被惹怒的北极熊会发出嘶吼声，似乎是在警告人们最好退到一边去。有时，它们也会断断续续地吼叫吓唬周围的人。这是一种令人生畏的野兽，它们从不会听从别人的指令。

北冰洋，漫无边际的浮冰，

才是"北方主人"

真正的家。

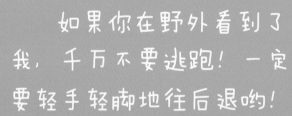

如果你在野外看到了我，千万不要逃跑！一定要轻手轻脚地往后退哟！

再见啦！让我们在北极见吧！

动物园里的朋友们

本套书共三辑，每辑 10 册，共 30 册。明星作者以第一人称讲故事的形式，展现每个动物最与众不同、最神奇可爱的一面，介绍了每种动物的种类、生活环境、形态特征、生活习性等各方面。让孩子们足不出户也能了解新奇有趣的动物知识。

第一辑（共 10 册）

我是企鹅　我是狐狸　我是刺猬　我是老虎　我是蝙蝠　我是山羊

我是松鼠　我是狮子　我是北极熊　我是大熊猫

第二辑（共 10 册）

我是海豚　我是河马　我是猫　我是蛇　我是长颈鹿　我是驼鹿

我是蚊子　我是蝴蝶　我是浣熊　我是麋鹿

第三辑（共 10 册）

我是小熊猫　我是大象　我是长尾猴　我是斗牛犬　我是考拉　我是树懒

我是袋熊　我是蚂蚁　我是老鼠　我是臭鼬

图书在版编目（CIP）数据

　　动物园里的朋友们. 第一辑. 我是北极熊 /
（俄罗斯）亚·阿尔汉格尔斯基文；于贺译. -- 南昌：
江西美术出版社，2020.11
　　ISBN 978-7-5480-7508-0

　　Ⅰ. ①动… Ⅱ. ①亚… ②于… Ⅲ. ①动物—儿童读
物②熊科—儿童读物 Ⅳ. ①Q95-49

　　中国版本图书馆CIP数据核字(2020)第070942号

版权合同登记号　14-2020-0158

Я белый медведь
© Arkhangelskiy A, text, 2016
© Soloviev M., illustrations, 2016
© Publisher Georgy Gupalo, design, 2016
© OOO Alpina Publisher, 2017
The author of idea and project manager Georgy Gupalo
Simplified Chinese copyright © 2020 by Beijing Balala Culture Development Co., Ltd.
The simplified Chinese translation rights arranged through Rightol Media (本书中文简体版权经由锐拓
传媒旗下小锐取得Email:copyright@rightol.com)

出 品 人：周建森
企　　划：北京江美长风文化传播有限公司
策　　划：巴拉拉
责任编辑：楚天顺 朱鲁巍
特约编辑：石　颖吴　迪王　毅
美术编辑：童　磊周伶俐
责任印制：谭　勋

动物园里的朋友们（第一辑） 我是北极熊

DONGWUYUAN LI DE PENGYOUMEN(DI YI JI) WO SHI BEIJIXIONG

[俄]亚·阿尔汉格尔斯基 / 文　[俄]米·索洛维约夫 / 图　于贺 / 译

出　　版：江西美术出版社		印　　刷：北京宝丰印刷有限公司
地　　址：江西省南昌市子安路 66 号		版　　次：2020 年 11 月第 1 版
网　　址：www.jxfinearts.com		印　　次：2020 年 11 月第 1 次印刷
电子信箱：jxms163@163.com		开　　本：889mm×1194mm 1/16
电　　话：0791-86566274 010-82093785		总 印 张：20
发　　行：010-64926438		ISBN 978-7-5480-7508-0
邮　　编：330025		定　　价：168.00 元（全 10 册）
经　　销：全国新华书店		